여우 눈 속의 세계

파트리치아 토마 글·그림 | 이기숙 옮김

푸른숲주니어

차례

어린이 독자들에게 ·············· 5

우리가 우주의 작은 먼지였다고요? ·············· 12

마치 인간이 세상의 왕인 것처럼 ·············· 16

숲에 새로 길을 낼 때는 ·············· 22

먹이 사냥을 나가 볼까? ·············· 28

여우가 집을 얻는 방법?! ·············· 34

새끼를 함께 돌보아요 ·············· 40

우리도 지능이 있어요 ·············· 46

조심해, 여긴 내 땅이야! ·············· 52

착할까요, 나쁠까요? ·············· 56

각자의 사랑을 찾아 떠나요 ·············· 62

도로를 건너다 자동차에… ·············· 68

우리는 모두 자연의 일부! ·············· 72

어른과 함께 읽으면 좋을 책 ·············· 78

어린이 독자들에게

여우 눈에 비친 세상

 이 책을 손에 들고 눈으로 천천히 훑다가 문득 이런 생각이 들지도 몰라요.
 '어머나! 이 녀석 참 똑똑한데, 잘난 체를 엄청 하네!'
 솔직히 말하면, 나의 행동들은 대부분 여러분에게서 보고 배운 거예요. 대도시의 덤불 속에 숨어 지내다가 가끔씩 시내로 산책을 나가거든요. 귀를 쫑긋 세우고 냄새를 맡으면서 여러분의 모습을 낱낱이 관찰하지요.
 나는 워낙 살금살금 다니기 때문에 사람들 눈에는 거의 띄지 않아요.

여우와 사람은 비슷한 면이 상당히 많아요. 일단 똑똑하다는 것! 이것저것 가리지 않고 다 먹는 것도 그렇고요. 한마디로 잡식성 동물이라 할 수 있지요.

여우는 다른 동물의 고기는 물론 식물의 열매와 잎, 뿌리도 다 먹어요. 가끔은 사람들이 먹다 남긴 음식도 먹는답니다. 그래서 세계 어디에서나 잘 살아갈 수 있어요.

나는 붉은여우예요. 보통 '여우'라고 했을 때 머릿속에 떠올리는 그 여우지요. 여우 중에서 가장 크고 가장 흔해요. 유럽과 북아프리카, 아시아, 북아메리카, 오스트레일리아 곳곳에 흩어져 살아요.

음, 한국에서는 쉽게 발견하기 어려운데요. 1945년 광복 이후 대대적으로 쥐 잡기 운동을 벌일 때 거의 전멸했다고 해요. 약에 중독된 쥐를 먹는 바람에요. 그래서 지금은 멸종 위기종이랍니다.

귀가 긴 벵골여우는 주로 인도와 파키스탄에 살아요. 그곳 사람들의 취미 사냥으로 위기에 처해 있기는 마찬가지예요. 그래서 사람들의 눈을 피해 거의 밤에만 활동하지요.

모래 색깔의 사막여우는 북아프리카에 많이 사는데요. 더운 낮에는 굴속에서 지내다가, 해가 지면 굴에서 나와 도마뱀이나 새, 쥐를 사냥해요.

여름에는 갈색이었다가 겨울이 되면 눈처럼 하얗게 털 빛깔이 바뀌는 북극여우는 얼음으로 뒤덮인 북극에 살고요.

이렇듯 여우는 사막이나 북극처럼 엄청 덥고 추운 곳에서도 살지만 초원이나 숲, 심지어 도시에서도 살아요.

여우와 사람은 공통점이 정말 많지만, 지금 이야기 보따리를 다 풀어놓지는 않을래요.

그래도 이것 하나만은 말할게요. 여우와 사람은 생겨났다가 사라져요. 식물이나 산처럼 말이죠. 그렇다면 우리는 언제 어떻게 생겨난 걸까요?

우리가 우주의 작은 먼지였다고요?

세상의 모든 것들, 즉 산과 식물과 동물과 사람은 우주의 먼지에서 시작되었어요. 사실 먼지 알갱이 하나하나는 너무 작아서 맨눈으로 볼 수가 없어요. 그 작은 알갱이가 수십억 년 동안 이 세상에 존재해 온 거예요. 부모님이 우리를 낳아 세상에 내보내기 훨씬 전부터 말이죠.

그렇다면 산과 식물, 동물, 사람을 생겨나게 한 우주의 먼지는 어떻게 나타난 것일까요?

자연이 인간을 위해 존재한다는 오류는
앞으로 오랫동안 우리를 괴롭힐 것이다.
_카를 하인츠 괴테르트(독일 문학가)

마치 인간이 세상의 왕인 것처럼

일만여 년 전, '수렵과 채집'의 시대라고 부르는 때가 있었어요. 그때만 해도 인간은 아직 동물과 식물의 언어에 익숙했지요. 심지어 산하고 대화도 나누었답니다.

지진이 나서 동굴이 무너지면 인간은 산의 정령에게 수많은 선물을 바치면서 평안을 빌었어요. 동물이나 식물, 산의 정령과 사이가 나빠지는 것을 아무도 바라지 않았거든요. 그건 목숨이 위태로워지는 일이었으니까요!

그러다 인간은 동굴에서 나와 튼튼한 집을 지어 이사했어요. 들짐승을 길들여 일을 시키고, 야생 곡물의 씨를 뿌려 재배했지요. 그때부터 이 세상의 모든 것을 자기에게 도움이 되는 쪽으로 사용하려 했답니다.

그러고 나서 수천 년이 흐른 뒤, 철학자 아리스토텔레스가 인간을 이 세상의 왕좌에 떡하니 앉혔어요. 이 위대한 사상가는 기원전 384년부터 322년까지 살았는데요. 이천 년도 훨씬 더 전의 사람이지요.

아리스토텔레스는 세계의 질서를 신이 만든 계단으로 설명했어요. 맨 아래에는 돌이 있고, 조금 더 위에는 식물이 있으며, 몇 계단 더 올라가면 동물이 있다나요?

그렇다면 맨 위에는 누가 있을까요? 바로 인간이 앉아 있어요. 오늘날까지도 그래요! 자연 과학자 찰스 다윈이 그 왕좌를 사정없이 흔들어 놓았는데도 말이죠.

다윈은 1859년에 펴낸 《종의 기원》이라는 책에서, 모든 생물은 서로 친척 관계에 있기 때문에 동등하다고 말했어요. 인간은 이 말을 듣고 큰 충격을 받았지요. 자기가 앉아 있는

왕좌가 흔들릴까 봐 팔걸이를 꽉 붙들었답니다. 하긴, 누군들 그 자리에서 밀려나 아래로 떨어지고 싶겠어요?

휴, 시간이 아주 빠르게 지나갔네요! 하지만 산이 바라볼 때는 일만 년이란 시간은 그저 눈 한 번 깜박일 정도의 짧은 순간이에요. 그러니 산은 초창기에 인간이 자기와 대화를 나누었던 시절을 분명히 기억하고 있을 거예요.

나는 동물과 한 번쯤 정식으로 의사소통을 하고 싶었다.
_클로드 레비 스트로스(프랑스 인류학자)

숲에 새로 길을 낼 때는

　우리는 인간이 하는 말을 아주 잘 알아들어요. 그렇다면 인간도 여우의 말을 잘 알아들을까요? 아쉽게도 그렇지는 않은 것 같아요. 동물의 언어는 올바른 언어가 아니라고 생각하는 사람이 많거든요. 그래서 인간은 여우와 대화하려는 시도조차 하지 않지요.

　내가 사는 숲에 새로 길을 내도 괜찮겠느냐고 물어본 사람은 여태껏 한 명도 없었어요. 나도 사람들의 정원에 땅을 파서 집을 지을 때, 건축 허가가 나오기를 기다리지는 않았지

만요.

나는 언젠가부터 호기심이 생겨서 인간의 입을 관찰하곤 해요. 사람들은 가끔씩 악을 바락바락 쓰다가도 언제 그랬냐는 듯 서로의 귀에 대고 나지막이 다정한 말을 속삭이지요.

사람들의 코는 무엇을 좋아하는지 단박에 알려 주어요. 만일 여러분이 어떤 사람의 냄새를 기가 막히게 잘 맡는다면? 그건 그 사람을 좋아하기 때문이에요. 사람들은 그럴 때 상대방을 금방이라도 삼킬 듯이 서로 입을 가까이 갖다 대어요.

하지만 얼마 안 가 다시 싸움을 벌이더군요. 얼굴이 시뻘게진 채 손과 발을 허공에 휘두르며 미친 듯이 욕을 퍼붓던 걸요.

여우도 스트레스를 받으면 사람들처럼 고래고래 소리를 질러요. 이건 사람들이랑 진짜 비슷하네요.

사실 여우는 대부분 코로 소통해요. 다른 여우를 만나면 앞다리를 쭉 뻗은 채 크게 하품을 하고서 킁킁 냄새를 맡으면서 서로를 탐색하지요. 그런 다음에 함께 뭔가를 할지 말지 결정해요.

　사람들이 스마트폰으로 의견이나 생각을 주고받듯이, 우리도 소변과 대변으로 메시지를 보내요. 거기에 중요한 정보가 담겨 있거든요.

　소변 냄새로 나이를 알아내는 것뿐 아니라, 암여우가 사랑에 흥미가 있는지, 혹은 누군가가 아프지는 않은지 다 알 수 있어요. 대변에서는 쥐나 치즈버거, 감자튀김 같은 음식의 냄새도 맡을 수 있답니다.

여우는 몸무게 1kg당 약 120kcal가 필요하다.
이는 하루에 쥐 한 마리 또는 감자튀김이 딸린
더블 치즈버거 한 개를 먹어야 한다는 뜻이다.

_아델 브랜드(영국 야생 동물 연구가)

먹이 사냥을 나가 볼까?

우리는 사냥하는 것을 좋아해요. 사냥할 때는 주로 코와 귀에 의지하지요. 들판 건너편에 있는 쥐 냄새도 맡고, 땅속 깊은 곳에 있는 지렁이 소리도 듣거든요.

우리는 청각이 엄청나게 예민해요. 들쥐가 찍찍거리는 소리를 100미터가량 떨어진 곳에서도 들을 수 있어요. 떼까마귀가 날개를 푸드덕거리는 소리는 500미터 너머에서도 들을 수 있고요.

나는 지렁이를 좋아해요. 기다란 지렁이를 입에 넣고 후루

룩 넘길 때의 기분은 뭐라 말하기가 어려워요. 여러분이 가장 좋아하는 걸 먹을 때의 기분을 상상해 봐요.

우리는 위장이 작아서 한꺼번에 많이 먹지 못해요. 그래서 먹을 것을 여러 군데다 숨겨 두곤 하지요. 아, 숨겨 놓은 곳은 언제나 정확하게 기억해 두어요. 커다란 나무 밑에는 쥐가 있고, 수풀 뒤에는 햄버거와 닭고기가 있지요.

먹을 것을 묻을 때는 까마귀가 근처에 없는지 잘 살펴야 해요. 각별히 조심하지 않으면 어디선가 녀석들이 지켜보고 있다가 우리가 숨겨 둔 음식을 훔쳐 가거든요.

뭐, 사람도 우리처럼 위장이 작아서 먹을 것을 한꺼번에 사서 잔뜩 쟁여 놓잖아요. 배가 불러 더는 먹지 못하게 되면 남은 음식을 쓰레기통에 휙 던져 버리기도 하고요. 우리처럼 땅속에 묻지는 않던걸요!

얼마 전에 나는 맛있는 햄버거와 감자튀김 냄새를 맡았어요. 그 냄새에 솔깃한 건 나뿐만이 아니었던가 봐요……. 글쎄, 쥐가 그 맛있는 음식을 탐내고 있지 뭐예요?

나는 그 너석이 먼저 게걸스럽게 먹어 치우기 전에 잽싸게 달려들어 햄버거와 감자튀김을 움켜잡았어요.

햄버거를 다 먹고 난 뒤, 음식을 더 챙기려고 닭장으로 살금살금 들어갔어요. 닭장은 푸짐하게 차려진 뷔페 같아요! 나는 한 번에 여러 마리를 잡아서 땅속에 고이 묻어 두었지요.

이따가 이 살찐 닭의 털을 나랑 같이 뽑아 볼래요?

여우는 시골에 예쁜 집을 가지고 있으면서도,
정장을 차려입은 남자들처럼 자꾸만 도시로 향한다.
기름진 먹잇감을 빠르게 구할 수 있기 때문이다.
_찰스 포스터(영국 작가)

여우가 집을 얻는 방법?!

　여우가 사는 모습도 사람들이랑 무척 비슷해요. 도시에서 지낼 때는 정원에 땅을 파서 집을 지어요. 가끔은 차고에서 휴식을 취하기도 하지요. 그럴 때도 사람들 눈에는 거의 띄지 않아요.

　초원에 있는 집은 여러 층인 데다 입구와 출구가 따로 있어요. 만일을 위해 나뭇잎으로 덮어서 위장한 비상구도 있고요. 마른풀과 나뭇잎, 깃털을 깔아서 제법 아늑하게 꾸며 놓았답니다.

그 예쁜 집은 엄마한테 물려받은 거예요. 하지만 엄마도 그 집을 직접 지은 건 아니에요. 엄마와 몇 년 동안 함께 살았던 오소리가 땅을 파서 만든 집이거든요. 그러다 저와 동생들이 태어나자 더 이상 버티지 못하고 오소리가 집을 나갔어요.

물론 스스로 굴을 파는 여우들도 있어요. 굴을 팔 때는 물이 잘 빠지는 언덕이나 숲 근처, 바위 아래를 골라야 해요. 여기서 제일 중요한 건 사람들이 찾기 어려운 곳이어야 한다는 거지요!

우리 엄마처럼 직접 집을 짓지 않고 오소리의 집을 빼앗기도 해요. 여우가 굴을 빼앗는 방법은 참 재미있어요. 오소리가 잠시 굴을 비운 사이에 몰래 들어가 소변과 대변을 여기저기 갈기고 잽싸게 도망치거든요.

그러면 나중에 굴로 돌아온 오소리가 그 고약한 냄새를 참지 못하고 스스로 떠나요. 오소리는 깨끗한 것을 좋아하니까요. 그때 여우가 잽싸게 굴을 차지하는 거지요.

그러고 보니 우리 엄마랑 몇 년 동안이나 함께 산 오소리는 인내심이 정말 대단했네요!

아, 이제 서둘러야겠어요. 나의 먹보 아이들이 집에서 기다리고 있거든요.

여우는 무리 지어 생활하며 서로서로 돕는다.
그리고 불의를 보면 절대로 참지 않는다.
_프란스 드 발(미국 동물 행동학자)

새끼를 함께 돌보아요

마침내 먹을 것을 물고 집에 도착했어요. 그런데 녀석들이 옥신각신하면서 싸움을 벌이는 거 있지요? 남이 차지한 음식이 언제나 더 커 보이는 법이니까요.

그렇게 실컷 먹고 나서는 이 버릇없는 녀석들이 살을 발라 먹은 뼈를 사방에다 흩뜨려 놓아요.

나는 하루 종일 사냥을 다니느라 지치고 피곤해서 그 자리를 슬그머니 빠져나와요. 잠을 자려고요. 다행히 나에겐 아이 돌보미가 있어요. 먹이를 먹느라 지저분해진 털을 아이

돌보미가 깨끗이 닦아 주지요.

누구냐고요? 바로 녀석들의 누나예요. 다 자랐는데도 떠나지 않고 집에 남아서 동생들을 돌보고 있는 거예요.

여우는 엄마와 아빠가 새끼를 기르기도 하지만, 여럿이 모여서 공동 육아를 하기도 해요. 다 같이 새끼를 돌보면 늑대나 곰 같은 천적으로부터 보호하기 쉬우니까요! 당연한 얘기겠지만, 공동 육아는 먹이가 풍부하거나 가족 간의 사이가 끈끈할 때 할 수 있어요.

내년쯤 우리 맏딸이 새끼를 낳는다면 공동 육아를 할 수도 있겠지요.

가끔은 녀석들의 아빠가 먹을 것을 가져오기도 해요. 아, 참! 아이들의 아빠는 모두 달라요. 여러 마리의 숫여우가 나를 동시에 좋아했거든요! 가장 잘생긴 여우, 가장 힘센 여우, 가장 다정한 여우······. 그중에서 누구 하나를 딱 고르기가 어려웠답니다.

이렇게 아빠가 여럿일 경우에는 유전적 요소가 다양해져

서 생존 가능성이 높아요. 사실 그렇게 한 이유가 다 있는 거라고요! 나의 귀여운 아이들이 좋은 것만 쏙쏙 물려받았으면 좋겠어요.

어쨌든 지금까지는 아이들이 아주 잘 자라고 있어요. 그런데 이제 슬슬 도시를 탐험하고 싶어 하는 거 있지요?

호모 사피엔스는 지혜로운 인간이라는 뜻이다.
우리 인간은 이를 매우 자랑스럽게 여긴 나머지,
끊임없이 다른 생물과 차별화하려고 한다.
왜 그러느냐고? 그렇게 하지 않고
이전과 똑같이 살아갈 수 없기 때문이다.

_린 마굴리스(미국 생물학자)

우리도 지능이 있어요

　새끼 여우는 토끼가 숲속 어느 곳에서 뛰어다니는지 알아야 할 뿐만 아니라, 도시에서 도로를 안전하게 건너는 법도 익혀야 해요.

　그런데 이것이 생각처럼 그리 쉬운 게 아니에요. 사실 여우는 색맹이거든요. 엄마는 내게 아주 특별한 비법을 알려 주었어요.

　신호등 위쪽 불이 켜지면 멈춰 서고, 아래쪽 불이 켜지면 건너가는 거예요. 물론 나는 이 비법을 우리 아이들에게도

알려 주었지요.

되도록이면 자동차들이 다니는 도로 말고 사람들이 다니는 길로 다니라고 일러 주어요. 그렇게 해야 훨씬 더 안전하니까요.

한마디로 여우는 위험한 도로를 안전하게 건너는 것과 같은 어려운 문제를 척척 해결할 줄 알아요. 인간은 이런 능력을 지능이라고 부르는데, 그건 인간이 가지고 있는 아주 큰 장점이지요.

음, 여우가 길을 건널 때만 머리를 쓰는 게 아니에요. 먹이를 찾을 때도 지능은 놀라운 힘을 발휘하지요. 사람들이 쓰레기 버리는 날을 기억해 두었다가, 수거하기 바로 전날에 음식물 쓰레기 봉지를 뒤지거든요. 그렇게 하면 먹이를 손쉽게 구할 수 있으니까요.

철학자 에바 메이어르는 어느 관점에서 보느냐에 따라서 상황이 달라질 수 있다고 해요. 개미의 관점에서 보면 인간은 협동 능력이 떨어지고, 개의 관점에서 보면 후각을 잘 쓰지 못하는 거라나요.

내가 보기에도 인간은 아직 더 발전해야 하는 것 같아요. 예를 들어 볼까요? 사람들이 울타리와 담장을 높게 만들어도, 나는 아이들에게 그 위로 올라가거나 기어서 내려오는 방법을 너끈히 알려 줄 수 있어요.

여우는 냄새로 자기 영역에 울타리를 친다.
_카트린 슈마허(독일 언론인)

조심해, 여긴 내 땅이야!

여우는 생활하고 사냥하고 짝짓기하는 곳을 소변과 대변으로 표시해요. 이 표지판은 이렇게 말하고 있죠.

'조심해, 여긴 내 땅이야!'

사실 배가 고픈 딱새들은 내 사냥 구역에서 환영받지 못한다는 것을 알아요. 물론 나도 사람들의 울타리 안에 사는 닭들에게 환영받지 못하지요. 그런데 정작 사람들은 닭들에게 마지막으로 가고 싶은 곳이 어딘지 물어본 적 있나요? 그 어떤 닭도 바비큐장이라고 하지는 않을걸요.

인간은 자신이 다른 동물들보다 선과 악을 더 잘 구별할 줄 안다고 믿는다.
그러면서 다른 동물을 세상에서 가장 잔인한 방법으로 착취한다.
_에바 메이어르(네덜란드 철학자·작가)

착할까요, 나쁠까요?

너무 간단한 질문인가요? 사실 인간에게는 한없이 복잡한 문제예요. 위대한 사상가들은 언제나 이 문제를 놓고 고민했어요. 그리고 수백 년이 넘는 세월 동안 동물이 선과 악을 구별할 줄 모른다는 데 대부분 동의했지요. 단지 우리가 인간의 말을 할 수 없다는 이유만으로요!

철학자 아리스토텔레스는 《정치학》이라는 책에서 인간은 말을 할 수 있기 때문에 선과 악을 구별할 수 있다고 했어요. 삼백여 년 전인 1724년부터 1804년까지 살았던 이마누엘

칸트는 동물이 말을 못 하기 때문에 양심이 없다고 했고요.

사백여 년 전인 1596년부터 1650년까지 살았던 철학자 르네 데카르트는 동물은 사물이며, 심지어 기계와 비슷하다고까지 주장했어요.

누구나 알고 있듯이 기계는 감정이 없어요. 언제든 고장 날 수 있는 데다, 사람이 자기를 어떻게 다루든 전혀 신경 쓰지 않아요. 그런데 동물을 그런 기계처럼 취급해도 괜찮다고 생각한 것이지요.

참 말도 안 되는 이야기지 않나요? 인간은 그럴듯한 말을 지어내는 데 큰 재주가 있어요. 뭐, 인간이니까 실수를 할 수도 있겠지요.

그래도 가끔 괜찮은 생각을 하는 사람도 있는 것 같아요. 철학자 피어스와 생물학자 베코프는 동정심이 도덕적 행동의 바탕이라고 했어요. 바꾸어 말하면, 양심에 따라 행동한다는 거지요. 아니면 마음이라고 할까요?

잘 생각해 봐요. 인간도 무척 민감해서 다른 생물이 고통

받을 때, 혹은 편안히 지낼 때 바로바로 알아채잖아요. 다른 동물들도 다 그래요.

여우나 사람이나 세상에서 가장 멋지고 신나는 감정을 처음 느낄 때 최고의 행복감을 맛보아요. 나는 그중 몇 가지를 이미 여러분에게 들려주었어요.

짝짓기 철이 되면 암여우는 냄새로 사랑의 표시를 남긴다.
_카트린 슈마허(독일 언론인)

각자의 사랑을 찾아 떠나요

시간이 참 빨리 가는군! 어느새 아이들이 다 자라서 집을 떠날 때가 되었어요. 태어난 지 9개월에서 10개월이면 어른이 되거든요.

이제부터는 맛있는 쥐 대신 나비가 아이들 배 속을 푸드득 날아다닐 거예요. 사랑의 향기가 코를 간지럽힐 테니까요. 아들 녀석 셋은 햄버거와 감자튀김을 버려두고 사랑을 찾아 멀리 떠나겠지요.

암여우는 1월과 2월에 이삼일 동안만 임신할 수 있어요.

그래서 이 기간 동안 적극적으로 짝을 찾아야 해요. 숫여우는 울음소리를 높게 내거나 오줌으로 냄새를 남겨서 암여우의 관심을 끌어요. 암여우는 특유의 호르몬 냄새를 풍기면서 숫여우를 유혹하고요.

이때 숫여우끼리 싸움이 벌어지기도 해요. 암여우는 강하고 건강한 숫여우를 선택하고 싶어 하거든요. 결국 경쟁에서 이긴 숫여우가 암여우를 만날 수 있지요.

임신 기간은 오십 일에서 육십 일 정도인데요. 대개 3월에서 5월 사이에 새끼를 낳아요. 보통 네 마리에서 여섯 마리를 낳는데, 많으면 한 번에 열 마리까지 낳기도 해요.

아무튼 아들 녀석들은 이 시기를 놓치지 않기 위해 몇 주 동안 각자 선택한 짝의 소변과 대변 냄새를 따라다녀요.

오, 큰아들은 비단결처럼 반짝이는 암여우와 사랑을 나누고 있네요. 서로 껴안고서 몸을 비벼요. 마침내 서로의 냄새를 알아채게 되자, 더 이상 떨어지지 않기 위해 짝짓기할 장소를 찾아 나서요.

그런데 막내아들은 아직도 진정한 사랑을 찾지 못했나 봐요. 욕망에 눈이 먼 녀석은 냄새를 따라 숲 가장자리까지 가 버렸네요. 앗, 이런! 위험한 도로를 건너야 하는 상황이군요.

많은 동물이 장례 예법을 알고 있다.
어떤 동물은 시체 곁에서 망을 본다.
여우는 시체를 땅에 묻기도 한다.

_에바 메이어르(네덜란드 철학자·작가)

도로를 건너다 자동차에…

막내아들의 하얀 꼬리 끝이 흥분으로 살짝 떨리는가 싶더니 곧 목표한 곳에 다다랐어요. 그때 자동차 전조등이 눈 덮인 들판을 새하얀 빛으로 덮치면서 막내아들의 두 눈을 멀게 해요. 아, 순식간에 막내아들이 자동차에 치여요.

나는 동이 틀 무렵에야 막내아들의 시체를 발견하고서, 슬픔을 가누지 못한 채 멍하니 그 곁을 지켜요. 자동차는 간밤의 그 끔찍한 충돌을 전혀 눈치채지 못할 테지요.

인간과 자연 사이의 간극은 우리 머릿속에만 존재한다.
그것은 유명 사상가들이 심혈을 기울여 가짜로 지어낸 것이다.
_크리스티안 슈배게를(독일 언론인)

우리는 모두 자연의 일부!

오래전에는 인간의 생명을 위협하는 가장 큰 존재가 바로 자연이었어요. 산이나 땅이 흔들리면 여러분의 조상은 산의 정령에게 평안을 빌었지요. 산의 정령의 분노를 잠재워야 한다고 믿었으니까요.

어떤 사람은 남다른 호기심을 가지고 왜 그런 일이 일어나는지 관찰했어요. 그러다가 마침내 지각판의 이동으로 산이 흔들린다는 사실을 알아냈지요. 그때부터 인간은 자연을 길들이고 통제해야 할 대상으로 여기기 시작했답니다.

동물한테도 마찬가지였어요. 정복하고 장악해야 할 존재로 생각했지요. 때로는 물건 취급까지 하면서요.

약 이백 년 전부터 인간은 생필품을 더 이상 손으로 만들지 않고 공장에서 기계로 생산하기 시작했어요. 일자리를 잃은 농부와 기술자들은 사람으로 넘쳐나는 도시로 자꾸자꾸 몰려갔어요.

도시는 사람들의 욕심이 들끓으면서 지저분하게 변해 갔답니다. 그곳에서 자연 그대로의 때 묻지 않은 산과 식물과 동물을 그리워하기 시작했지요.

어쨌거나 도시는 나날이 발전했어요. 구불구불 흐르던 강이 곧게 펴지고, 집 근처에는 인공 호수가 만들어졌지요. 심지어 산을 옮기기까지 했답니다.

지금 인간의 손길이 닿지 않은 자연은 사실상 없다고 해도 틀리지 않아요. 그러니 자연에 대한 그리움이 그 어느 때보다 클 수밖에요.

인간은 자연을 손아귀에 넣으려고만 했을 뿐, 자연 그 자체가 지닌 숭고함을 잊어버렸으니까요. 자연에 대한 거창한 탐구는 아마도 여러분 시대에선 멈추어야 할 거예요. 우리 모두 자연의 일부라는 사실을 이제는 여러분도 깨달았을 테니까요.

나의 이야기는 아직 끝나지 않았어요. 봄이 되면 내 아들들은 꼬물꼬물 귀여운 아기 여우들의 아빠가 될 테니까요.

앞으로도 나는 여러분을 계속해서 지켜볼 거예요.

어른과 함께 읽으면 좋을 책

《공감의 시대》, 프란스 드 발, 김영사, 2017.
프란스 드 발은 이 책에서 공감, 공정성, 도덕성의 생물학적 토대를 탐구하며 인간과 동물의 행동을 보다 균형 잡힌 관점에서 이해할 수 있게 돕는다. 침팬지와 고릴라 같은 영장류뿐 아니라 고양이, 늑대, 돌고래, 코끼리 등 다양한 동물들이 보여 주는 공감 행동을 통해, 공감이 진화적으로 깊이 뿌리내린 본능이자 생존과 번영을 위한 자연 선택의 산물임을 설득력 있게 입증한다. 그는 인간 본성을 단순히 경쟁과 탐욕으로만 보는 시각을 넘어, 그 밑바탕에 있는 협력과 유대, 이타성을 인식해야 한다고 강조하며, 탐욕의 시대를 넘어서 공감과 연대가 중심이 되는 사회를 설계해야 한다고 주장한다.

《공생자 행성》, 린 마굴리스, 사이언스북스, 2007.
칼 세이건의 첫 번째 아내로 알려진 린 마굴리스. 그는 이 책에서 인간은 이 행성의 다른 생명과 다를 바 없으며, 인간이라는 종 또한 다른 생물과 특별히 다르지 않다고 단호히 말한다. 뿐만 아니라 "인간이 다른 생명체들과 다르고 훨씬 더 우월하다는 생각은 크나큰 망상에 불과하다."고 단호하게 지적한다. 인간을 포함해 이 지구상의 모든 생물들의 진화의 계보를 거슬러 올라가면 궁극적으로 세균과 만날 뿐 아니라, 지금의 인간도 포유류보다 약간 더 진화한 것에 불과하다고 일침을 가한다.

《그럼, 동물이 되어보자》, 찰스 포스터, 눌와, 2019.
찰스 포스터는 직접 동물이 되어서 완전히 새로운 방식으로 동물의 세계를 이해하려고 시도한다. 실제로 여우들이 냄새, 얼굴 표정, 몸의 자세, 소리를 이용해 어떻게 서로 의사소통을 하는지 수년 동안 관찰했다. 그는 여우가 사냥할 때 의지하는 예민한 청각을 매우 상세하게 묘사하고, 여우가 먹을 것을 숨기면서 발휘하는 놀라운 기억력을 중요하게 짚는다. 몇 주가 지난 후에도 먹이를 숨긴 곳을 비롯해, 그것이 어떤 종류의 음식인지도 기억한다는 것을 강조한다.

《사피엔스》, 유발 하라리, 김영사, 2015.
이 책은 '유인원에서 사이보그까지, 인간 역사의 대담하고 위대한 질문'이라는 부제를 달고 있으며, 인간이라는 종이 그동안 어떻게 발전해 왔는지를 과학적, 역사적, 철학적 관점에서 분석한다. 사피엔스의 출현에서부터 현대 사회에 이르기까지의 과정을 총체적으로 탐구하며, 인간이 어떻게 서로 협력하여 문명을 이루어 왔는지 설명한다. 특히 인지 혁명, 농업 혁명, 과학 혁명 등 중요한 인문학적 변화를 중심으로 이야기를 풀어 나가며, 우리가 믿고 따르는 개념들(즉 돈, 종교, 국가 등)이 어떻게 형성되었는지도 알려 준다. 아울러 인간의 본질에 대해서도 심도 깊게 파헤친다.

《생동하는 물질》, 제인 베넷, 현실문화, 2020.
철학자 베넷은 주류 철학에서 무력하고 수동적이며 힘이 없는 것으로 여겨 왔던 '물질'을 새로운 관점에서 탐구한다. 인간만이 아니라 물질에도 힘과 활력이 있으며, 우리가 이 물질들을 존중할 줄 알아야 한다는 것이다. 그에게 애니미즘, 즉 돌과 식물과 동물이 영혼을 가지고 있다는 생각은 최첨단 주제이다. 왜냐하면 돌과 식물과 동물이 인간에게 쓸모 있는 존재로만 그치지 않고 사회에서 적극적인 역할을 해야 한다고 생각하기 때문이다.

《여우 8》, 조지 손더스, 문학동네, 2021.
어깨너머로 인간의 말을 배운 여우가 인간들에게 쓴 편지 형식의 소설이다. 여우 8은 인간에게 관심이 많고 공상을 즐기는 조금 특별한 여우다. 인간에게 숲을 빼앗긴 것도 모자라, 동료들까지 모두 잃어버린 여우의 목소리를 빌려 인간의 환경 파괴와 지나친 소비주의에 경고를 보낸다.

《이토록 놀라운 동물의 언어》, 에바 메이어르, 까치, 2020.
생물학과 동물 행동학의 경험적 연구, 동물에 초점을 맞춘 새로운 동물 연구, 그 외 철학의 다른 분야에서 얻은 다양한 시각을 바탕으로 동물의 언어를 분석한 책이다. 동물의 의사소통 방식을 이해하고 그들의 시선을 통해서 세상을 바라봄으로써 우리가 사는 세상과 우리 자신을 새로운 시각으로 볼 수 있도록 이끈다. 이 책을 통해서 독자들은 동물의 세계에 한 발짝 더 다가갈 수 있는 것은 물론, 동물이 우리에게 전하는 메시지를 읽을 수 있게 될 것이다.

《털 없는 원숭이》, 데즈먼드 모리스, 문예춘추사, 2011.
진화론의 관점에서 인간의 삶과 행동 양식을 성찰한 책으로, 동물학자 모리스는 인간을 동물학적으로 서술하고 있다는 점을 강조하기 위해 '털 없는 원숭이'라는 이름으로 부른다. 그는 우리가 우리의 사랑을 성욕이라고 표현하는 건 꺼리지만, 동물들의 사랑은 바로 그 성욕으로 치환한다고 말한다. 우리는 본능적이고 충동적이라고 하는 동물의 행동과 우리를 차별화하기 위해, 더 고귀해 보이는 우리의 동기를 설명하려고 엄청나게 노력한다나.

푸른숲 생각 나무 26

여우 눈 속의 세계

첫판 1쇄 펴낸날 2025년 3월 31일

지은이 파트리치아 토마 **옮긴이** 이기숙
발행인 조한나
주니어 본부장 박창희
편집 정예림 강민영 **디자인** 전윤정 김혜은
마케팅 김인진 김은희 **회계** 양여진 김주연
인쇄·제본 (주) 소문사

펴낸곳 (주) 도서출판 푸른숲
출판등록 2003년 12월 17일 제2003-000032호
주소 경기도 파주시 심학산로 10, 우편번호 10881
전화 031) 955-9010 **팩스** 031) 955-9009
홈페이지 www.prunsoop.co.kr **인스타그램** @psoopjr
이메일 psoopjr@prunsoop.co.kr **제조국** 대한민국

ⓒ 푸른숲주니어, 2025
ISBN 979-11-7254-542-0 74490
       979-11-5675-030-7 (세트)

* 잘못된 책은 구입하신 서점에서 바꾸어 드립니다.
* KC 마크는 이 제품이 공통안전기준에 적합하였음을 의미합니다.
* 던지거나 떨어뜨려 다치지 않도록 주의하세요.

AUF LEISEN PFOTEN UNTERWEGS. Die Welt in den Augen einer Füchsin by Patricia Thoma
Copyright ⓒ 2023 Beltz & Gelberg, in the publishing group Beltz-Weinheim Basel
Korean Translation Copyright ⓒ 2025 Prunsoop Publishing Co., Ltd.
All rights reserved.

The Korean language edition published by arrangement with Julius Beltz GmbH & Co. KG through Momo Agency, Seoul.

이 책의 한국어판 저작권은 모모 에이전시를 통해 Julius Beltz GmbH & Co. KG사와의 독점 계약으로 (주)도서출판 푸른숲에 있습니다. 저작권법에 의해 한국 내에서 보호를 받는 저작물이므로 무단 전재와 무단 복제를 금합니다.

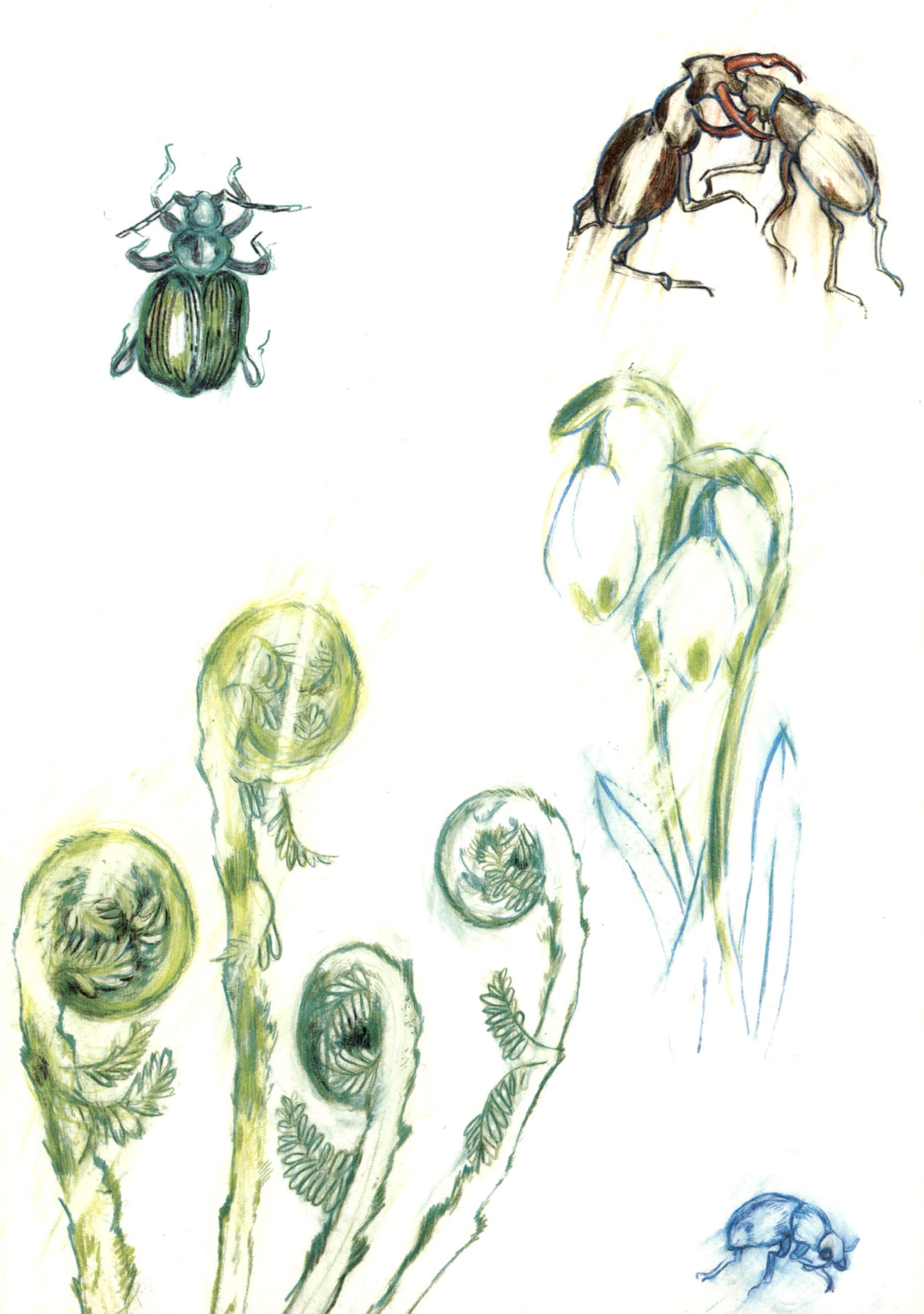